中国地质灾害科普丛书
丛书主编：范立民
丛书副主编：贺卫中 陶 虹

泥 石 流

NISHILIU

陕西省地质环境监测总站 编著

中国地质大学出版社
ZHONGGUO DIZHI DAXUE CHUBANSHE

图书在版编目(CIP)数据

泥石流/陕西省地质环境监测总站编著. —武汉：中国地质大学出版社，2019.12（2022.11 重印）

（中国地质灾害科普丛书）

ISBN 978-7-5625-4715-0

Ⅰ.①泥…

Ⅱ.①陕…

Ⅲ.①泥石流-灾害防治-普及读物

Ⅳ.①P642.23-49

中国版本图书馆 CIP 数据核字（2019）第 285408 号

泥石流	陕西省地质环境监测总站	**编著**

责任编辑：李应争	选题策划：唐然坤　毕克成	责任校对：张咏梅

出版发行：中国地质大学出版社（武汉市洪山区鲁磨路388号）	邮编：430074
电话：(027)67883511	传真：(027)67883580　E-mail:cbb@cug.edu.cn
经销：全国新华书店	http://cugp.cug.edu.cn

开本：880 毫米×1 230 毫米　1/32	字数：80 千字	印张：3.125
版次：2019 年 12 月第 1 版	印次：2022 年 11 月第 2 次印刷	
印刷：武汉中远印务有限公司		
ISBN 978-7-5625-4715-0		定价：16.00 元

如有印装质量问题请与印刷厂联系调换

《中国地质灾害科普丛书》
编委会

科学顾问：王双明　汤中立　武　强

主　　编：范立民

副 主 编：贺卫中　陶　虹

参加单位：矿山地质灾害成灾机理与防控重点实验室

《崩　　塌》主编：杨　渊　苏晓萌

《滑　　坡》主编：李　辉　刘海南

《泥 石 流》主编：姚超伟

《地面沉降》主编：李　勇　李文莉　陶福平

《地面塌陷》主编：姬怡微　陈建平　李　成

《地 裂 缝》主编：陶　虹　强　菲

我国幅员辽阔,地形地貌复杂,特殊的地形地貌决定了我国存在大量的滑坡、崩塌等地质灾害隐患点,加之人类工程建设诱发形成的地质灾害隐患点,老百姓的生命安全时时刻刻都在受着威胁。另外,地质灾害避灾知识的欠缺在一定程度上加大了地质灾害伤亡人数。因此,普及地质灾害知识是防灾减灾的重要任务。这套丛书就是为提高群众的地质灾害防灾减灾知识水平而编写的。

我曾在陕西省地质调查院担任过 5 年院长,承担过陕西省地质灾害调查、监测预报预警与应急处置等工作,参与了多次突发地质灾害应急调查,深知受地质灾害威胁地区老百姓的生命之脆弱。每年汛期,我都和地质调查院的同事们一起按照省里的要求精心部署,周密安排,严防死守,生怕地质灾害发生,对老百姓的生命安全构成威胁。尽管如此,每年仍然有地质灾害伤亡事件发生。

我国有 29 万余处地质灾害点,威胁着 1 800 万人的生命安全。"人民对美好生活的向往就是我们的奋斗目标",党的十八大闭幕后,习近平总书记会见中外记者的这句话深深地印刻在我的脑海中。党的十九大报告提出"加强地质灾害防治"。因此,防灾减灾除了要查清地质灾害的分布和发育规律、建立地质灾害监测预警体系外,还要最大限度地普及地质灾害知识,让受地质灾害威胁的老百姓能够辨识地质灾害,规避地质灾害,在地质灾害发生时能够瞬间做出正确抉择,避免受到伤害。

为此,我国作了大量科普宣传,不断提高民众地质灾害防灾减灾意识,取得了显著成效。2010年全国因地质灾害死亡或失踪为2 915人,经过几年的科普宣传,这一数字已下降,2017年下降到352人,但地质灾害死亡事件并没有也不可能彻底杜绝。陕西省地质环境监测总站组织编写了这套丛书,旨在让山区受地质灾害威胁的群众认识自然、保护自然、规避灾害、挽救生命,同时给大家一个了解地质灾害的窗口。我相信通过大力推广、普及,人民群众的防灾减灾意识会不断增强,因地质灾害造成的人员伤亡会进一步减少,人民的美好生活向往一定能够实现。

希望这套丛书的出版,有益于普及科学文化知识,有益于防灾减灾,有益于保护生命。

中国工程院院士
陕西省地质调查院教授
2019年2月10日

前言

2015年8月12日0时30分,陕西省山阳县中村镇烟家沟发生一起特大型滑坡灾害,168万立方米的山体几分钟内在烟家沟内堆积起最大厚度50多米的碎石体,附近的65名居民瞬间被埋,或死亡或失踪。在参加救援的14天时间里,一位顺利逃生的钳工张业宏无意中的一句话触动了我的心灵:"山体塌了,怎么能往山下跑呢?"张业宏用手比划了一下逃生路线,他拉住妻子的手向山侧跑,躲过一劫……

从这以后,我一直在思考,如果没有地质灾害逃生常识,张业宏和他的妻子也许已经丧生。我们计划编写一套包含滑坡、崩塌、泥石流等多种地质灾害的宣传册,从娃娃抓起,主要面对山区等地质灾害易发区的中小学生和普通民众,让他们知道地质灾害来了如何逃生、如何自救,就像张业宏一样,在地质灾害发生的瞬间,准确判断,果断决策,顺利逃生。

2017年初夏,中国地质大学出版社毕克成社长一行来陕调研,座谈中我们的这一想法与他们产生了共鸣。他们策划了《中国地质灾害科普丛书》(6册),申报了国家出版基金,并于2018年2月顺利得到资助。通过双方一年多的努力,我们顺利完成了这套丛书的编写,编写过程中,充分利用了陕西省地质环境监测总站多年地质灾害防治成果资料,只要广大群众看得懂、听得进我们的讲述,就达到了预期目的。

《中国地质灾害科普丛书》共 6 册，分别是《崩塌》《滑坡》《泥石流》《地裂缝》《地面沉降》和《地面塌陷》，围绕各类地质灾害的基本简介、引发因素、识别防范、临灾避险、分布情况、典型案例等方面进行了通俗易懂的阐述，旨在以大众读物的形式普及"什么是地质灾害""地质灾害有哪些危害""为什么会发生地质灾害""怎样预防地质灾害""发现(生)地质灾害怎么办"等知识。

在丛书出版之际，我们衷心感谢国家出版基金管理委员会的资助，衷心感谢全国地质灾害防治战线的同事们，衷心感谢这套丛书的科学顾问王双明院士、武强院士、汤中立院士的鼓励和指导，感谢陕西省自然资源厅、陕西省地质调查院的支持，感谢中国地质大学出版社的编辑们和我们的作者团队，期待这套丛书在地质灾害防灾减灾中发挥作用、保护生命！

矿山地质灾害成灾机理与防控重点实验室副主任
陕西省地质环境监测总站 教授级高级工程师
2019 年 2 月 12 日

C O N T E N T S

1 泥石流基本概念 ············ 1

1.1 泥石流定义 ·· 2
1.2 泥石流分类 ·· 4
1.3 泥石流特征 ··· 16
1.4 泥石流与洪水、滑坡的区别 ························ 18

2 泥石流成因机理 ············ 21

2.1 形成条件 ·· 22
2.2 诱发因素 ·· 26

3 泥石流分布 ············ 31

3.1 世界泥石流的分布 ···································· 32
3.2 中国泥石流的分布 ···································· 34
3.3 典型分布区特征 ······································· 39

V

4 泥石流危害 ……………………………………… 43

4.1 对居民点的危害 …………………………… 44
4.2 对交通的危害 ……………………………… 45
4.3 对水利水电工程的危害 …………………… 47
4.4 对矿山的危害 ……………………………… 48

5 泥石流识别与防治 …………………………… 51

5.1 泥石流的识别 ……………………………… 52
5.2 泥石流的防范与避险 ……………………… 57
5.3 泥石流的治理措施 ………………………… 66

6 泥石流典型案例 ……………………………… 75

6.1 泥石流之最 ………………………………… 76
6.2 典型案例介绍 ……………………………… 78

结束语 …………………………………………… 82
科普小知识 ……………………………………… 84
主要参考文献 …………………………………… 89

泥石流基本概念

1.1 泥石流定义

2010年8月7日22时左右,甘肃省舟曲县县城东北部山区突降特大暴雨,降雨持续40多分钟,降雨量达97毫米,造成三眼峪、罗家峪等4条沟系发生特大泥石流地质灾害。泥石流长约5 000米,平均宽度约300米,平均厚度约5米,总体积约750万立方米,将流经区域夷为平地,大部分群众没有来得及逃生,导致1 000多人丧生。泥石流冲入舟曲县县城并阻断白龙江,形成堰塞湖,给群众的生命财产和生产生活造成了巨大损失。

2018年7月12日,甘肃省舟曲县再次发生暴雨引发泥石流,由于防范措施得当,提前转移2 300余人,未出现大规模人员伤亡。不

▲2010年舟曲泥石流

难看出，泥石流引起的危害极大，如果我们平时多了解一点泥石流的防治知识，掌握一些逃生自救的小方法，就能保障自身安全。下面让我们一起认识下泥石流吧！

▲2018年7月12日甘肃省舟曲泥石流（引自新浪网）

泥石流是地质灾害的一种，指在山区或者其他沟谷深壑区，因降雨、溃坝或冰雪融化等形成的地面流水挟带石块、泥沙等固体物质形成高浓度固液混合流的一种

泥石流概念

▲泥石流是山区特有的一种自然地质现象

地质现象。通俗地讲，就是强大的水流将山坡上散乱的大小石块、泥土一起冲刷到低洼地或山沟里，变成一种黏稠状的混杂流动体奔泻而下。

泥石流在各地的叫法不一样。西北地区称为"流泥""流石"或"山洪急流"，华北和东北山区称为"龙扒""水泡""石洪"或"啸山"，云南山区称为"走龙"或"走蛟"，西藏地区则称为"冰川暴发"，台湾、香港地区称为"土石流"。

泥石流具有发生突然、流速快、流量大、物质容量大和破坏力强等特点。它的暴发全过程一般只有几个小时，短的只有几分钟，暴发时山谷轰鸣、地面震动，雨水夹杂着山石的流体汹涌澎湃，沿着山谷或坡面顺势而下，冲向山外或者坡脚，往往在顷刻之间冲毁公路、铁路等交通设施甚至村镇等，造成巨大损失。

1.2 泥石流分类

合理的泥石流分类对于认识和防治泥石流是十分必要的。目前泥石流的分类方法很多，各种分类方法都从不同的侧面反映了泥石流的某些特征。尽管分类原则、指标和命名等各不相同，但每一个分类方法均具有一定的科学性和实用性。常见的分类方式有按形成原因、按物质组成、按流体性质、按发生频率和按地貌形态几种。

泥石流分类是根据泥石流的性质、激发泥石流的水源条件、发生位置、危害性、流体中固体物质颗粒组成、发生频率高低、规模大小、泥石流形成与人类活动的关系等。从不同的方面去认识泥石流，然后把各种分类方法综合起来进行分析，就可以较全面地认识泥石流，为有效防治泥石流提供科学依据。

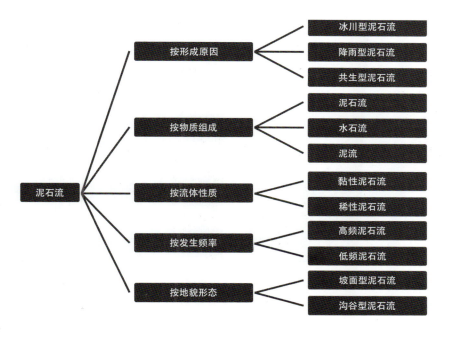

▲ 泥石流分类

1.2.1 按成因分类

人们往往根据起主导作用的泥石流形成条件来命名泥石流的成因类型。在我国，科学工作者将泥石流划分为冰川型泥石流和降雨型泥石流两大主要类型。另外，还有一类共生型泥石流。

1.冰川型泥石流

冰川型泥石流是指分布在高山冰川积雪盘踞的山区，是形成、发展与冰川发育过程密切相关的一类泥石流。它们是在冰川的前进与后退、冰雪的积累与消融，以及与此相伴生的冰崩、雪崩、冰碛湖溃决等动力作用下所产生的，又可分为冰雪消融型、冰雪消融及降雨混合型、冰崩-雪崩型和冰湖溃决型等亚类。

泥石流

2017年9月7日,在青海省玉树藏族自治州称多县扎朵镇直美村中卡社牧场发生冰雪融冻泥流事件,未造成人员伤亡。泥流致使草皮出现一条深约8.5米、直径约70米的深坑,滑行长度397米,平均宽度约32米。

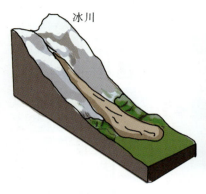
▲冰川型泥石流示意图

▲冰川型泥石流
(图片来自看看新闻)

2.降雨型泥石流

降雨型泥石流是指在非冰川地区,以降雨为水体来源,以不同的松散堆积物为固体物质补给来源的一类泥石流。该类型泥石流最为普遍,降雨是泥石流激发时最活跃的主导因素,一旦有足够大的降雨量,泥石流就可能发生。

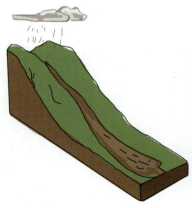
▲降雨型泥石流示意图

▲降雨型泥石流

3.共生型泥石流

共生型泥石流是一种特殊成因类型的泥石流。根据共生作用的方式，共生型泥石流可分为滑坡型泥石流、山崩型泥石流、溃决型泥石流、地震型泥石流和火山型泥石流等亚类。此外，由于人类不合理工程活动而形成的泥石流，称为"人为泥石流"，也是一种特殊的共生型泥石流。

滑坡型泥石流：在陡峭的山区，地形陡峻，植被难以生长，在暴雨作用下极易发生滑坡，从而为泥石流提供了丰富的固体物质，形成滑坡型泥石流。

滑坡型泥石流与一般滑坡和泥石流不同，它兼具滑坡和泥石流的一些特征，通常先发生滑坡，而后转为泥石流流动。

▲滑坡型泥石流

山崩型泥石流：部分山区地质构造复杂，岩体断裂、弯曲，岩石结构松散，岩层软弱易于破碎，极易发生山体崩塌，为泥石流的形成创造了物质条件，从而产生山崩型泥石流。

与滑坡型泥石流类似，山崩型泥石流兼具山崩和泥石流的一些特征，先发生崩塌，而后转为泥石流流动。

▲山崩型泥石流

溃决型泥石流：由于滑坡、崩塌、泥石流等灾害形成的松散物质进入沟道，与沟道内其他杂物一起堆积形成堰塞体，堵塞沟道。随着时间的推移，堰塞体在一定条件下溃决，形成溃决型泥石流。该类泥石流具有成灾时间短、灾害规模大、破坏力强等特点。

▲ 溃决型泥石流

地震型泥石流：地震引发的山体崩塌、滑坡形成的碎屑堆积体处于松散欠压密、欠固结状态，在持续强降雨条件下会孕育形成泥石流。

地震型泥石流

▲ 地震型泥石流

火山型泥石流：火山口一般植被较少，当该地区下雨时，雨水挟带碎屑、火山石、火山灰等迅速冲洗，带走山沟中泥石形成泥石流，威力迅猛。火山型泥石流在我国极为罕见。

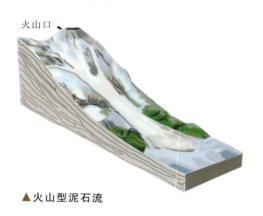

▲火山型泥石流

人为泥石流：当人类工程活动不符合自然发展规律，破坏自然环境，造成自然生态失衡时，如乱砍滥伐、毁林开荒、切坡修路、乱倒弃渣、修建水库、管道泄漏、私挖乱建等，都不同程度地破坏了山区地质环境，为泥石流的发生创造了条件，一旦遭遇恶劣天气，便形成人为泥石流。

▲人为泥石流

人为泥石流

1.2.2 按物质组成分类

不少专家学者按照泥石流挟带的泥沙物质含量对泥石流进行分类和研究,这种分类方法与岩性分布区域密切相关,也是研究泥石流分布特征的良好切入点,因此受到地学界的青睐。

1. 泥石流

泥石流是由泥浆和石块共同组成的特殊流体,固体成分为从粒径小于 0.005 毫米的黏粒到几米甚至 10~20 米的漂石。它的级配范围之大是其他类型的挟沙水流所无法比拟的。这类泥石流在我国山区的分布范围比较广泛,对山区的经济建设和国防建设危害十分严重。

▲2000 年陕西省紫阳县渔泉村泥石流

2. 泥流

泥流是以细粒泥沙为主要固体成分的泥质流。泥流中黏粒含量大于石质山区的泥石流,黏粒含量可达 15% 以上。泥流含少量碎石、岩屑,黏度大,呈稠泥状,结构比泥石流更为明显。我国黄河中游地区干流和支流中的泥沙,大多来自这些泥流沟,是水土流失极严重的一种形式。

▲发生在黄土高原的泥流

3.水石流

水石流是指发育在大理岩、白云岩、石灰岩、砾岩或部分花岗岩山区，由水和粗砂、砾石、漂石组成的特殊流体，黏粒含量小于泥石流和泥流。水石流的性质和形成类似于山洪。

▲1992年陕西省略阳县纪家沟水石流

1.2.3 按流体性质分类

土水比是指泥石流中固体物质和水的质量比，能够反映出泥石流的流体性质。泥石流中固体物质含量越大，水的含量就越少，因此按照流体性质可划分为黏性泥石流、稀性泥石流。黏性泥石流相对稀性泥石流的土水比大，稠度也就越大，黏性越强。

1.黏性泥石流

黏性泥石流为水平流动状态，固体和液体物质作整体运动，无垂直交换现象的浓稠浆体。黏性泥石流的承浮和托悬力大，能使巨大石块浮起来（在特殊情况下，人体也可被托浮，1939年7月四川汉源流沙河泥石流，将一位老人托浮运移了1.3千米），流体时常滚动，周期性明显，有堵塞、断流和浪头现象。

▲黏性泥石流

2.稀性泥石流

稀性泥石流为流动状态较乱，固体和液体之间作不等速运动，并有垂直交换现象，石块在其中翻滚或跳跃前进的泥浆体。稀性泥石流的浆体混浊,周期性不明显,与含沙水流性质近似,有成股流动及分散流动现象。水与浆体沿途易渗漏、散失,沉积后呈垄岗状或扇状,沉积物呈松散状,有分选性。

▲ 稀性泥石流

1.2.4 按发生频率分类

不同泥石流间的发生频率和间歇周期有着较大的变化,有的年年发生,有的几年甚至几百年才发生一次。根据发生频率,泥石流可分为高频泥石流和低频泥石流。

1.高频泥石流

高频泥石流基本上每年均有发生。固体物质主要来源于沟谷的滑坡、崩塌,泥石流所需水量较少。该类泥石流多发生于地壳强烈抬升地区,岩层破碎,土坡疏松,山体稳定性差,滑坡、崩塌发育,植被生长差,沟床和扇形地上泥石流堆积物新鲜,无植被或仅有稀疏草丛。

▲高频泥石流沟床植被稀疏

2.低频泥石流

低频泥石流暴发周期一般在 10 年以上。固体物质主要来于沟谷，暴雨发生时坡面产生的浅层滑坡往往是激发泥石流形成的重要因素。低频泥石流所需水量较多，多分布于山地，山体稳定性相对较好，无大型活动性滑坡、崩塌，植被较好，沟床内灌木丛密布，堆积区多有人类居住。

▲低频泥石流沟谷中植被较好

1.2.5 按地貌形态分类

泥石流流域既是一个泥石流发生、发展的自然单元,又是一个危害人类社会、经济、环境的单元,也是泥石流防治的基本单元。按照流域的沟谷地貌形态,泥石流可分为坡面型泥石流、沟谷型泥石流。

1. 坡面型泥石流

坡面型泥石流指在较陡山坡上发育的单沟,沟长仅数百米,深数米、数十米不等,虽汇流面积小,泥石流流量不大,但因坡陡、流速快、来势猛,往往几分钟的时间就可以造成巨大损失。这种泥石流的暴发频率并不是很高。

▲ 坡面型泥石流

2. 沟谷型泥石流

沟谷型泥石流往往由几条支流汇入主沟而组成,流域范围自上而下可划分为形成区、流通区和堆积区3个区段,形成区中还有水源供给区和固体物质补给区。在我国,沟谷型泥石流较为常见。

以上是我国常见的几种泥石流分类方法。除此之外,还可按泥石流的发育阶段划分为发展期泥石流、旺盛期泥石流、衰退期泥石流、停歇期泥石流；按泥石流的固体物质来源划分为滑坡泥石流、崩塌泥石流、沟床侵蚀泥石流、坡面侵蚀泥石流等。

▲ 沟谷型泥石流

1.3 泥石流特征

泥石流的类型多样，形成发育条件各异，了解它的特征，有助于对泥石流采取针对性防治措施。

1.泥石流具有土体的结构性

泥石流中固体物质体积占比一般为30%～70%，远比一般挟沙水流高。泥石流中固体物质颗粒粒径可从最小的黏粒到直径达数米的巨石。对此曾有人形象地比喻，如果把最小的黏粒放大到鸡蛋那样大，那么按相同比例放大，其中的最大颗粒可达到和地球同大。颗粒粒径分布如此之广，也正是使泥石流运动特性变得极为复杂的重要原因之一。

2.泥石流具有水体的流动性

由于泥石流沟道的纵向坡度及横向过流断面形态沿途变化,再加上水流量的不稳定性,因此泥石流的流动状态具有高度的不均匀性及不稳定性。泥石流瞬时流量要比平均流量高出很多,给泥石流防治增加了难度。

3.泥石流具有地域性

泥石流一般发生在山地沟谷区,具有较大的高度差。泥石流形成区山坡的坡度或沟床的深浅影响泥石流的类型及暴发的时机。泥石流形成区高低变化还与流域面积有一定关系,如果松散物质组成及分布基本相同,靠近流域上游的区段虽然比降陡,但该区段由于汇水面积较小,供水不足,并不是泥石流侵蚀最严重的区域。流域面积越大,暴雨的汇水就越多,可以在沟床高度变化相对较小条件下产生泥石流。所以随着流域面积增加,泥石流形成的沟床高度变化有减小的趋势。

4.泥石流具有季节性

我国泥石流的暴发主要是受连续降雨、暴雨的影响,尤其是特大

▼泥石流多发生在降雨集中期

暴雨等集中降雨的激发。因此，泥石流发生的时间规律与集中降雨时间规律相一致，具有明显的季节性，一般发生于多雨的夏、秋季节。具体月份在我国的不同地区，因集中降雨时间的差异而有所不同。四川、云南等西南地区的降雨多集中在6月至9月，因此西南地区的泥石流多发生于6月至9月。而西北地区降雨多集中在6、7、8三个月，尤其是7、8月份降雨集中，暴发强度大，因此西北地区的泥石流多发生在7、8月份。据不完全统计，发生在这几个月的泥石流灾害占全部泥石流灾害的90%以上。

1.4 泥石流与洪水、滑坡的区别

洪水是因降水造成水的泛滥，对人们生活交通造成不便，主要是对河道两边的区域有重大影响；泥石流是由于山洪泛滥造成山（土）体的改变，在山洪中夹杂了大量的土石，形成极大的冲击力，对山体和山脚区域造成巨大破坏。滑坡是斜坡上的土体或岩体沿一定的滑动

▲ 滑坡

面做整体下滑的现象。在山区坡陡壁直的地方，尤其是在河谷两侧经常会发生滑坡。滑坡会堵塞河道，引发洪水，封堵道路，阻碍交通，毁坏房屋，伤及生命。三者之间有紧密的联系，任何一方发生，都有引发其他两种灾害发生的可能。

通常泥石流暴发突然，来势凶猛，可携带巨大的石块，因其高速前进，具有强大的能量，因而破坏性极大。它往往在一个地段上历时短暂，复发频繁，且兼有洪水和滑坡破坏的双重作用，因而危害程度比单一的洪水和滑坡更为严重。

▲洪水

泥石流成因机理

泥石流是地表物质运动的自然现象，和其他自然现象一样有着形成条件和引发因素。那么什么样的条件下会形成泥石流？它的引发因素有哪些？下面一起来看看。

2.1 形成条件

泥石流的形成条件概括起来主要表现为3个方面：特定的地形条件、丰富的物源条件和充足的水源条件。

2.1.1 地形条件

泥石流地形条件

便于集水、集物的陡峭地形能够为泥石流的形成提供良好的地形条件。在陡峻的高山地区，地表崎岖，地形高差悬殊，切割强烈，是泥石流分布区的地形特征。地形高差的大小决定了泥石流的动力，当堆积于沟谷内的松散固体物质在暴雨山洪激发下形成泥石流后，便奔腾汹涌地向下运动。运动中速度越来越快，可达每秒数米至数十米。

典型泥石流可以从地形上划分出形成区、流通区和堆积区3个区段，从平面图上来看，形状就像一棵大树。形成区由条带状向树枝状发展。但由于具体地形地貌条件不同，有些泥石流流域，上述3个区段往往不能明显分开。

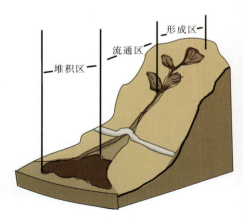
▲典型泥石流地形示意图

1. 形成区

该区多为三面环山、一面出口的半圆形宽阔地段，周围山坡陡峻，沟谷坡角可达30°以上。斜坡常被冲沟切割，且崩塌、滑坡发育，坡体光秃，无植被覆盖。这样的地形，有利于汇集周围山坡上的水流和固体物质。形成区的面积可达数平方千米至数十平方千米，面积越大，坡面越多，山坡越陡，沟壑越密集，则泥石流集流越大，规模越大，且越迅猛强烈。

2. 流通区

流通区多为狭窄而深切的峡谷或冲沟，沟壁陡峻坡度变化较大，常出现陡坎。泥石流进入流通区后极具冲刷能力，轻松将冲刷下来的土石带走。流通区坡度的陡缓、曲直和长短，对泥石流的强度有很大影响。当顺直时，流途通畅，能量大；反之，易堵塞泥石流或让泥石流改道，削弱泥石流能量。流通区形似颈状或喇叭状。非典型的泥石流沟，可能没有明显的流通区。

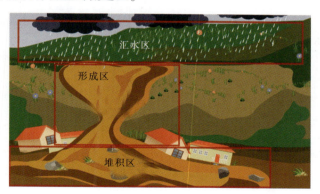

▲ 非典型泥石流地形示意图

3. 堆积区

堆积区为泥石流物质的停积场所，一般位于山口外或山间盆地的边缘，地形较平缓。泥石流到达堆积区后速度急剧变小，最终堆积下来，形成扇形、锥状堆积体，有的堆积区还直接为河漫滩或阶地。典型的地貌形态为洪积扇，呈波浪状起伏，坎坷不平，大小石块混杂。

2.1.2 物源条件

物源条件指物源区土石体的分布、分类、结构、性状、储备方量和补给的方式、距离、速度等。

在泥石流形成区内有大量易于被水流侵蚀冲刷的疏松土石,它们的粒径、成分相差悬殊,大者为数十至上百立方米的巨大漂石,小者为细砂、黏粒,互相混杂。一旦被雨水浸泡后,则会崩解、软化,易于坍垮而被冲刷,为泥石流提供固体物质来源。

松散固体物质补给的最主要因素是经常性的水流冲刷。根据降雨强度和岩(土)体结构不同,分水力冲刷和重力冲刷两种方式。

▲泥石流固体松散物

1.水力冲刷

山地坡面地表汇集的雨水产生的水力冲刷,是指在降雨强度大于土壤吸收强度时,形成地表溪流。在一定条件下溪流冲刷土壤,在坡面上就形成细沟,将冲刷的固体颗粒带入下一级沟道。如果降雨强度不大,水流未能使沟床中多数固体颗粒运动,只把其中较细颗粒带走,剩下颗粒形成沟道内的岩石层抵挡住冲刷的发展,则不能形成泥石流。如降雨强度足够大,在沟道中水流速度超过沟床中大多数颗粒的运动流速时，就有可能发生泥石流。如发生高强度的降雨，会出现很大的罕见水流，并且流速很大，就能将坡面上形成的岩石破碎层冲走。表面岩石层一旦被冲走，深部细颗粒泥沙缺乏粗颗粒泥沙的保护也将迅速被冲走，这样就形成由粗、细泥沙组成的冲击力较大的泥石流。

▲水力冲刷

2.重力冲刷

重力冲刷指土体浸水后因固体自身重力作用而失去稳定，进而形成滑坡（或崩塌）。在降雨强度并不很大，而土壤吸收雨水强度大于降雨强度的情况下，不会产生土壤表面溪流，雨水渗入导致土体中含水

▲重力冲刷

量达到饱和而失去稳定，发生突然的整体滑动（或崩塌），这是泥石流固体物质补给的重要形式。

2.1.3 水源条件

水既是泥石流的重要组成部分，又是泥石流的激发条件和搬运介质（动力来源）。泥石流需要短期内有突发性的大量流水来源，形式有暴雨、冰雪融水和水库溃决水体等。我国泥石流的水源主要是暴雨、长时间的连续降雨等。因此，泥石流多发生在降雨集中的雨季。

2.2 诱发因素

泥石流的 3 个形成条件是长期较稳定的地质作用过程的结果，是泥石流发生的内因。泥石流的诱发因素则是它发生的外因，可以分为自然因素和人为因素两种。

2.2.1 自然因素

泥石流作为一种多发性自然地质灾害，诱发因素由多种自然条件共同作用，其中恶劣的地质环境、强降雨等是其主要自然因素。

条件一：地质构造复杂，断裂、褶皱发育，新构造活动强烈区域易发生泥石流。

条件二：地表岩石破碎，崩塌、滑坡等不良地质现象发育，能够为泥石流提供丰富的固体物质来源。

条件三：山高沟深、地形陡峻，相对高差大，坡度陡，植被生长不良，便于集水、集物的沟谷地形易发生泥石流。

条件四：暴雨、长时间的连续降雨是我国泥石流的主要水源。

▲ 断裂、褶皱发育

▲ 不良地质现象

▲ 山高沟深

▲ 强降雨

2.2.2 人为因素

泥石流形成的3个条件：地形条件、物源条件、水源条件。3个条件中，最容易受人为因素影响的是物源条件，其次是水源条件。

1.不合理开挖

在某些工程设施中包括修建铁路、公路、水渠以及其他工程建筑中都存在不合理开挖。有些泥石流就是在修建公路、水渠、铁路以及其他建筑活动时破坏了山坡表面稳定的地质体，一旦有了诱发因素比如下暴雨，便形成了。

▲ 不合理开挖山体

例如云南省东川至昆明公路的老干沟,因修公路及水渠,使山体破坏,形成泥石流,加之1966年犀牛山地震又形成崩塌、滑坡,致使泥石流更加严重。又如香港多年来修建了许多大型工程和地面建筑,几乎每个工程都要劈山填海或填方才能获得合适的建筑场地,1972年一场暴雨,使正在施工的挖掘工程现场120人死于滑坡造成的泥石流。

2.不合理的弃土、弃渣

泥石流的形成必须有一定量的松散土石参与。不合理堆放弃土、矿渣,能够为泥石流提供丰富的固体物质来源。

这种行为形成的泥石流的事例很多。例如四川省冕宁县泸沽铁矿汉罗沟,因不合理堆放弃土、矿渣,1972年一场大雨,暴发了矿山泥石流,冲出松散固体物质约10万立方米,淤埋成昆铁路300米和喜(德)西(昌)公路250米,中断行车,给交通运输带来严重损失。又如甘川公路西水附近,1973年冬在沿公路的沟内开采石料,1974年7月18日发生泥石流,使15座桥洞淤塞。

▼不合理的弃土、弃渣

3.滥伐乱垦

滥伐乱垦会使植被破坏，山坡失去保护，土体疏松，冲沟发育，大大加重水土流失，进而使得山坡的稳定性被破坏，崩塌、滑坡等不良地质现象发育，结果就很容易引发泥石流。

例如甘肃省白龙江中游现在是我国著名的泥石流多发区。而在1 000多年前，那里竹林茂密，山清水秀，后因伐木烧炭，烧山开荒，森林被破坏，造成泥石流泛滥。又如甘川公路石坳子沟山上大耳头原是森林区，因毁林开荒，1976年发生泥石流毁坏了下游村庄、公路，造成人民生命财产的严重损失。当地群众曾言："山上开亩荒，山下冲个光。"

▼滥伐乱垦

4.水库（塘）溃坝

突发性的水源是泥石流的激发条件和搬运介质，是泥石流发生的动力来源。水库（塘）溃坝能够在短时间内为泥石流提供大量水源，是除了降雨、融雪外的主要人工水源。

由于工农业生产的发展，人类对自然资源的开发程度和规模也在不断发展。当人类工程活动违反自然规律时，必然会引起大自然的报复，有些泥石流的发生，就是由于人类不合理的开发而造成的。工业化以来，人为因素诱发的泥石流数量正在不断增加。

因此，在自然因素和人为因素共同诱发泥石流的比较中，人为因素的影响在不断地扩大，这给我们人类敲响了警钟，追求"可持续发展"，经济发展的绿色、环保理念越来越受到我们的重视。

▼水库（塘）溃坝

3 泥石流分布

泥石流

3.1 世界泥石流的分布

泥石流在全球都有广泛分布，多分布在温带和半干旱山区，特别是干湿季节分明、降水集中、地质构造复杂、新构造运动强烈、地震活动频繁、岩石破碎、植被稀少的山区。例如欧洲的阿尔卑斯山、比利牛斯山脉、亚平宁山脉，欧、亚两洲分界处的乌拉尔山，亚洲中部的帕米尔高原、青藏高原、喜马拉雅山脉、天山、秦岭、太行山等，北美洲西部的落基山脉、南美洲西部的安第斯山脉等。

全世界有 60 多个国家不同程度地遭受泥石流灾害，主要有中国、俄罗斯、美国、智利、秘鲁、奥地利、意大利、尼泊尔和巴基斯坦等。

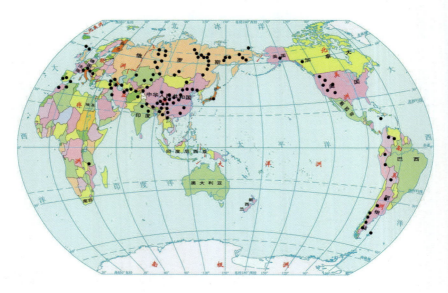

▲ 世界泥石流的分布

1970年，安第斯山脉的秘鲁瓦斯卡兰山暴发泥石流，500多万立方米的雪水挟带泥石，以100千米/小时的速度冲向秘鲁的容加依城，造成2.3万人死亡，灾难景象惨不忍睹。

1998年5月6日，亚平宁山脉的意大利南部那不勒斯等地遭遇罕见泥石流灾难，造成100多人死亡，2 000多人无家可归。

▲安第斯山脉

▲亚平宁山脉

3.2 中国泥石流的分布

我国山区和半山区占国土总面积的2/3，这些地区地质地貌条件复杂，其中有些地区地震频繁，新构造运动活跃，第四纪沉积物深厚，且山高坡陡，地表破碎，加上暴雨集中，植被覆盖率低，为泥石流发育提供了有利的自然条件。所以，中国是世界上泥石流活动最频繁的国家之一。

据统计，已发生过泥石流并造成灾害的省（自治区、直辖市）在全国有22个，估计泥石流沟的数量达1万余条。天山、祁连山、昆仑山的前山地带，秦岭、太行山区、北京西山、辽西山地和吉林长白山地区都有泥石流灾害，而西藏自治区东南部横断山区，云南省、四川省山区则更是泥石流频发地区。

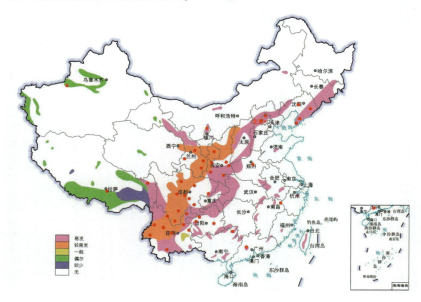

▲ 中国泥石流分布图

我国泥石流的分布受山地环境制约，具有明显的区域性分布规律。泥石流的密集地带从青藏高原西端的帕米尔高原向东延伸，经喜马拉雅山区，穿越波密-察隅山地向东南呈弧形扩展，经滇西北和川西的横断山区折向东北，沿乌蒙山，北转大凉山、邛崃山过秦岭东折，沿黄土高原东南部及太行山、燕山，至辽西、辽东及长白山地。

在地质上，泥石流分布区近期构造活动强烈、复杂，地震频繁而且强度大，崩塌、滑坡现象发育；在地势上，是我国台阶式地形转折最明显之处，地面高差悬殊、起伏大；在气候上，由于湿热的西南季风和东南季风向北、西方向推进，是地形升高而易成灾害暴雨的地带，降雨历时短，强度大。

根据我国的地形地势特征，泥石流的分布也具有多级阶梯特征，分别为第一级阶梯青藏高原、第二级阶梯南部地区、第二级阶梯中部地区、第二级阶梯北部地区、第三级阶梯山区。

1.第一阶梯青藏高原

在第一阶梯内青藏高原山区，物源条件充足，暴雨强度和总量均较低，但冰川极为发育，其边缘是中国冰川型泥石流最发育地区，泥石流发生频繁猛烈且规模巨大。

▼第一阶梯青藏高原泥石流

2.第二阶梯南部地区

在第二阶梯南部地区山地较多,泥石流发生主要受纬度因素决定。秦岭以南的广大山地,属湿度高的山区,地形差异大,物源丰富,降雨丰沛,暴雨来势猛烈,特别是陕西南部、四川、云南、贵州一带山地,历史上均曾发生过灾害性泥石流。近年来,由于人类生产活动的加剧,泥石流灾害有加重之势。

▲第二阶梯南部地区泥石流

3.第二阶梯中部地区

秦岭以北、阴山以南的第二阶梯中部地区,属半干旱、半湿润地区,有大片黄土和部分沙漠覆盖,物源丰富,暴雨强度大但总量不足。在黄土高原山区常出现经暴雨激发而形成的浓稠泥流,主要发生在黄河上游湟水河畔的湟源、西宁、乐都等地,兰州附近的黄河两岸,渭河两岸的天水、社棠、伯阳等地,以及陕北、陇东、晋西等水土流失严重的山区。

▲ 秦岭北麓蓝田泥石流

4.第二阶梯北部地区

广大的新疆、内蒙古、甘肃以及宁夏的一部分等第二阶梯的北部，属半干旱和干旱的山区，有大片沙漠、黄土、戈壁，植被稀少，物源丰富，但水源不足。这一地区泥石流分布零星，暴发频率低，十几年至几十年才发生一次，但规模大且凶猛。

▲ 新疆伊犁泥石流

5.第三阶梯山区

在第三阶梯内的山区，暴雨形成强度和总量均较大，物源条件不是很稳定。在华北和东北山区多形成非黏性的水石质的泥石流，称水石流，活动频率较低，一般几年至十几年暴发一次，但规模大且凶猛。

▲第三阶梯福建泥石流

总的来说，我国广大山区几乎都具备泥石流形成的条件。受人类活动和自然因素的共同作用，泥石流分布广泛，类型多样，活动频率高，使得我国成为世界上泥石流灾害最严重的国家之一。我国每年都有泥石流灾害造成人员伤亡的例子，因此需要引起我们的重视。

3.3 典型分布区特征

3.3.1 云南泥石流分布特征

云南泥石流灾害分布密度总体上有滇西高于滇东、滇北高于滇南的基本特征。在城镇、居民点，矿山、铁路和公路沿线以及陡坡垦植强烈的区域，泥石流灾害呈点、片、环、带状发育。

云南境内的小江流域中下游是我国泥石流分布最集中且暴发最频繁的地区。小江流域面积仅约3 000平方千米，每年暴发泥石流总次数为500~1 000次，个别年份可达2 000~3 000次。仅东川附近90千米河长范围内就有灾害性泥石流沟100余条，泥石流沟谷的流域面积占总面积40%~60%。

▼云南东川泥石流

3.3.2　甘肃泥石流分布特征

甘肃泥石流分布密度和暴发频率由南向北呈水平带状递减趋势。这主要是受降雨分布和暴雨出现次数的影响。因甘肃每年降雨比较集中，一般在7、8月份，且多暴雨，降雨量区域性大，由南向北逐渐减少。

甘肃境内的白龙江中游大断裂带两侧泥石流十分发育，仅舟曲至临江沿江长约100千米的河段内平均每千米就有10条泥石流沟，是甘肃泥石流分布密度最大、暴发频率高且灾害严重的地区。

▲甘肃白龙江泥石流

3.3.3　黄土高原泥石流分布特征

黄土高原泥石流主要为泥流，高原上的沟沟坎坎历史上都曾出现过泥流。从广义上来讲，黄土高原就是一个大的泥流分布区。泥流主要集中分布在黄土高原腹地的晋西北、陕北、陇东和陇西四大区域，零星分布于黄土高原边缘地带的其他地区。但因各地泥流形成的因素、条件不尽相同，泥流的分布范围、活动强弱、暴发频率、规模大小及危害程度等也不尽一致。

黄土高原和黄河中游支流发育的黄土泥流在世界上也是少见的，特别是位于河口镇（内蒙古自治区托克托县）至龙门区间的黄河西部支流，最大含沙量为 1 200～1 500 千克/立方米，这正是黄河含沙量成为世界之最的重要原因。

▼黄土泥流

4 泥石流危害

泥石流严重地制约着山区开发建设、脱贫致富与国民经济的持续健康发展，严重危害着城乡居民点、交通设施、水利水电工程、矿山生产等各个方面。

4.1 对居民点的危害

对居民点的危害是泥石流最常见的危害之一，常冲进乡村、城镇，摧毁房屋、工厂、企事业单位及其他场所、设施，淹没人畜，毁坏土地，甚至造成村毁人亡的灾难。

2016年6月10日凌晨2时，贵州省黎平县部分乡镇遭遇百年难遇的极强降雨。3个小时内，降雨量达到108毫米，当日凌晨5时许降雨量达到135毫米。暴雨诱发黎平县九潮镇九潮村、阡洞村、赖洞村等村寨发生严重的泥石流灾害，造成村寨被淹、房屋垮塌、人员失踪，导致交通受阻、通信电力中断，九潮镇一时间变成一座孤岛。

▼贵州黎平泥石流

2016年7月17日早上8时到下午1时,湖南省古丈县普降大到暴雨,其境内的默戎镇5个小时降雨量达203毫米,1小时内最大降雨量达104.9毫米。暴雨引发的泥石流冲毁了大量农田以及多栋房屋。

▲湖南古丈泥石流

4.2 对交通的危害

泥石流可直接埋没车站、铁路、公路,摧毁路基、桥涵等设施,致使交通中断,还可引起正在运行的火车、汽车颠覆,造成重大人身伤亡事故。有时泥石流汇入河流,引起河道大幅度变浅,间接毁坏公路、铁路及其他建筑物,甚至迫使道路改线,造成巨大经济损失。

2011年8月17日19时40分左右,新疆木垒县至鄯善县公路距七克台镇80千米处,因突发局地性强降水引发泥石流,掩埋5辆过往车辆,造成2人失踪。

泥石流

▲新疆木鄢公路泥石流掩埋车辆

1981年7月9日，四川省甘洛县成昆铁路线利子依达沟发生特大型泥石流，最大流量约3 200立方米/秒，固体物总量约70万立方米，冲毁铁路大桥，损毁列车，造成人员伤亡。

▲四川利子依达沟泥石流冲毁铁路大桥

4.3 对水利水电工程的危害

泥石流对水利水电工程的危害主要是冲毁水电站、引水渠道及过沟建筑物，淤埋水电站尾水渠，并淤积水库、磨蚀坝面等。

2012年8月29日晚至30日凌晨，四川省凉山州锦屏水电站施工区，因局部强降雨引发泥石流灾害，导致7人死亡，3人失踪，近万人被困。

▲ 四川锦屏泥石流冲毁水电站施工区

2016年5月7日至8日，福建省泰宁县普降暴雨到大暴雨，局部地区24小时降雨量达191.6毫米。8日凌晨5时左右，泰宁县开善乡池潭村突发泥石流，冲毁了池潭水电厂扩建工程施工单位生活营地，1座项目工地住宿工棚被埋压，同时冲毁了池潭水电厂办公大楼。因时值凌晨，住宿工棚里的大部分工人都在熟睡，导致35人死亡，1人失踪。

▲ 福建泰宁泥石流冲毁水电厂办公大楼

4.4 对矿山的危害

泥石流对矿山的危害主要是摧毁矿山及设施，淤埋矿山坑道，伤害矿山人员，造成停工停产，甚至使矿山报废。

2008年9月8日早上8时，山西省襄汾县新塔矿尾矿库因暴雨发生垮坝，形成宽约600米、长约3 000米的泥石流，过泥面积30.2公顷，波及下游500米左右的矿区办公楼、集贸市场和部分民宅，造成277人死亡、4人失踪、33人受伤，直接经济损失达9 619.2万元，成世界最大尾矿库泥石流。

2014年7月9日凌晨3时许，云南省福贡县匹河怒族乡沙瓦村沙瓦河发生泥石流灾害，冲毁当地一座硅矿厂，造成17人失踪，1人受伤。

随着人类经济社会的发展，越来越多的建设工程进入山区。由于泥石流堆积区相对平坦，大量山区城镇、工矿企业、交通线路将其作为建设用地。在泥石流间歇期，这些建筑安然无恙，一旦泥石流暴发后果将不堪设想。

▲山西新塔矿尾矿库泥石流

▲云南福贡泥石流

5 泥石流识别与防治

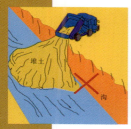

泥石流

　　泥石流是我国常见的一种灾害性地质现象。它往往具有暴发突然、来势凶猛的特点，它最常见的危害是毁坏农田、公路、矿山、水利和水电工程等，严重的还会造成人员伤亡。然而，发生泥石流之前往往都会有些前兆。只要我们能掌握这些前兆识别和防范知识，就能提前采取防范措施，及时撤离至安全地带，将伤害减至最低。那么，泥石流发生的前兆是什么？遇到泥石流如何逃生？采取什么措施防止泥石流再次发生呢？

5.1 泥石流的识别

泥石流前兆

5.1.1 前兆

　　任何灾害到来之前都有一定的征兆，细心的人会发现环境会有些异样。而泥石流发生之前，也是有很多征兆。

1.河流异常

　　如果河（沟）床中正常流水突然断流或突然增大，并夹有较多的柴草、树木时，说明河（沟）上游可能已形成泥石流。

▲ 河流出现较多的柴草、树木

▲ 河水突然断流或突然增大

2.山体异常

山体突然出现很多水流,山坡变形、鼓包、出现裂缝,甚至山坡上物体出现倾斜,也是泥石流发生的前兆。

▲山体变形前兆

3.声响异常

如果在山上听到沙沙声音,但是却找不到声音的来源,这可能是沙石的松动、流动发出的声音,是泥石流即将发生的征兆。如果沟谷内发出火车似的轰鸣声音或有轻微的震动感,说明泥石流已经形成。

▲沟谷深处发出巨大的轰鸣声或有轻微的震动感

4.动物异常

次声波不在人类的听觉频率范围之内，但传播距离极远，而一些动物能够听到次声波。泥石流灾害发生时通常会产生次声波，如果在山区雨季发现动物异常行为，如狗、猪、牛、羊、鸡等惊恐不安，老鼠乱窜，应当提防泥石流的发生。

▲ 动物异常

5.其他异常

干旱很久的土地开始积水，道路出现龟裂，树木、篱笆等突然倾斜，雨下个不停，或是雨刚停下来溪水水位却急速下降等，都有可能是泥石流发生的前兆。

▲ 干旱很久的土地开始积水

5.1.2 识别

地形、物源、水源是形成泥石流的必备条件，三者缺一便不能形成泥石流。

1.地形依据

地形满足沟谷上游三面环山，山坡陡峭，沟谷形态呈漏斗状、勺状、树叶状，中游山谷狭窄，下游沟口地势开阔，沟谷上、下游高差大于300m，沟谷两侧斜坡坡度大于25°等条件，有利于泥石流形成。

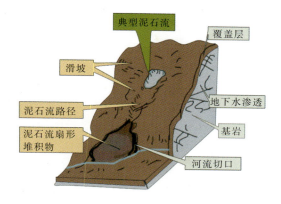

▲典型泥石流地形

▼典型泥石流（图片来自人民网）

2.物源依据

泥石流的形成必须有一定量的松散土、石参与。所以，沟谷两侧山体破碎、松散物质数量较多，沟谷两边滑坡、崩塌现象明显，植被不发育，水土流失、坡面冲刷强烈的沟谷，易发生泥石流。

▲沟谷沟槽有塌岸、堵塞现象

3.水源依据

水为泥石流的形成提供了动力条件。局地性暴雨多发区域，有溃坝危险的水库、塘坝下游，冰雪季节性消融区，具备在短时间内产生大量流水的条件，有利于泥石流的形成。其中，局地性暴雨多发的山区，泥石流发生频率最高。

▲山区遇有暴雨和连续降雨数日

▲水坝溃决引发泥石流（图片来自百度）

当一条沟谷在松散固体物质来源、地形地貌条件和水源水动力条件3个方面都有利于泥石流形成时，这条沟谷就很可能形成泥石流沟。只是泥石流发生的频率、规模大小、物质组成和流体性质等特征，会随着上述因素的动态变化而有所变化。满足了上述条件的沟谷，已经发生过泥石流的，今后仍然可能发生泥石流；尚未发生过泥石流的，今后将可能会发生泥石流。

5.2 泥石流的防范与避险

泥石流往往暴发突然，浑浊的流体沿着陡峭的山沟前推后拥，奔腾咆哮而下，地面为之震动，山谷声响犹如雷鸣。泥石流在很短时间内将大量泥沙、石块冲出沟外，在宽阔的堆积区横冲直撞，漫流堆积，常常给人类生命财产造成重大危害。

泥石流的发生往往是突然性的，发生时让人措手不及，出现混乱的局面，盲目的逃生可能导致更大的伤亡，所以需要我们掌握泥石流的防范和避险知识。

5.2.1 防范

措施一：房屋不要建在沟口和沟道。从长远的观点看，大多数沟谷都有发生泥石流的可能。因此，在村庄选址和规划建设过程中，房屋不能占据泄水沟道，也不宜离沟岸过近。

▲ 避免村庄占据沟道建设

措施二：不能把冲沟当作垃圾场。在冲沟中随意弃土、弃渣、堆放垃圾，将给泥石流的发生提供固体物源，促进泥石流的活动；当弃土、弃渣量很大时，可能在沟谷中形成堆积坝，堆积坝溃决时必然发生泥石流。

▲ 禁止沟道内随意弃土

措施三：保护和改善山区生态环境。一般来说，生态环境好的区域，泥石流发生的频率低，影响范围小；生态环境差的区域，泥石流发生频率高，危害范围大。提高小流域植被覆盖率，在村庄附近营造一定规模的防护林，可以抑制泥石流形成，降低泥石流发生频率。

▲ 植树造林改善环境

措施四：雨季不要在沟谷中长时间停留。雨季穿越沟谷时，要先仔细观察，确认安全后快速通过。山区降雨普遍具有局部性特点，沟谷下游是晴天，沟谷上游不一定也是晴天，"一山有四季，十里不同天"，即使在雨季的晴天，同样也要提防泥石流灾害。

▲ 雨季不要在沟谷停留

措施五：监测预警。监测流域降雨过程和降雨量，以及沟岸滑坡活动情况和沟谷中松散土石堆积情况，判断发生泥石流的可能性，并在泥石流形成区设置观测点，发现上游形成泥石流后，及时向下游发出预警信号。雨季注意收看收听电视广播，注意预警预报信息。发现险情及时向政府部门报告。

▲ 及时收看收听天气预报

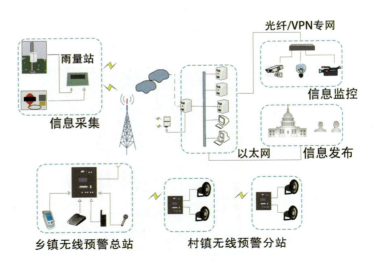

▲ 泥石流专业监测预警系统

5.2.2 避险

泥石流避险

在山地环境下,泥石流虽然不可避免,但通过采取积极防御措施,泥石流危害是可以减轻的。

泥石流往往发生在特定的条件沟谷中,因此掌握和判断泥石流沟谷并远离它们的技巧,对于自救很有必要。

泥石流沟谷上游像漏斗、饭勺、树叶,中游深且窄,下游则较为开阔,沟谷上、下游相对高差一般在 300 米以上。如果沟谷上游存在山塘水库或沟内地下水丰富,它们在遇到连续强降雨天气时,更易暴发泥石流。要特别警惕的是,泥石流往往突然暴发,因而逃生机会很小。因此,当听到山沟中有轰鸣声,或看到河流水位上涨,正常流水突然断流,应该马上意识到泥石流就要到来,并立即采取逃生措施。

注意在逃跑中要选择正确的方向,不要顺沟朝上游或朝下游跑,应该朝着沟岸的两侧山坡跑,且注意不要停留在凹坡处。

▲ 与泥石流呈垂直方向向两边的山坡上跑

泥石流

一旦遭遇泥石流，在迅速向泥石流运动方向的两侧高处躲避的同时，并向周围人员发出预警。如果深陷泥石流，要尽量划动四肢，保持头部露在外面。

▲ 向周围发出预警

▼ 保持头部露在外面

注意事项：

警示一：泥石流速度极快，切莫贪恋财物或顺沟逃跑。

▲切莫贪恋财物

警示二：不要躲在沟道中的滚石和土包后。

▲不要躲在沟道内石头后

警示三：不要停留在沟道内陡坡土层厚的低洼处。

▲不要停留在沟道内低洼处

警示四：泥石流具有直进性，不要在泥石流区域内的树木和房屋上躲避。

▲不要躲在沟道内大树上

警示五：不要试图横穿泥石流，以免泥石流流速极快将人携带冲走。

▲不要横穿泥石流

警示六：泥石流发生后，塌方的地方往往不稳定，注意防范二次泥石流和其他次生灾害的发生。

▲泥石流引发的二次崩塌

警示七：当遇到泥石流险情时，应选择平整的高地作为临时避难营地。不宜选择大规模的采矿弃渣、工程建筑弃土堆放场地；也不宜选择弃渣、弃土随意堆放的沟谷；不要在沟谷内低平处搭建宿营棚。

▲ 临时避难营地的选址

5.3 泥石流的治理措施

泥石流的防治应贯彻综合治理的原则，要突出重点、因害设防、因地制宜、讲求实效。具体防治措施有生物措施和工程措施两大项。

5.3.1 生物措施

泥石流防治的生物措施包括恢复植被和合理耕牧。一般采用乔木、灌木、草类等植物进行科学的配置营造，充分发挥植物滞留降雨、保持水土、调节径流等功能，从而减小泥石流发生的规模和频率，达到减轻危害程度的目的。

与泥石流工程防治措施相比较，生物防治措施具有应用范围广、投资省、风险小，能促进生态平稳、改善自然环境条件、具有生产效益以及防治作用持续时间长的特点。

生物措施一般需要在泥石流沟的全流域内实施，对宜林荒坡更需采取此种措施，但要正确地解决好农、林、牧之间的矛盾，如果管理不善，很难达到预期的效果。

▲荒坡生态植被恢复

5.3.2 工程措施

泥石流治理的工程措施几乎适用于各种类型的泥石流防治，尤其是对急需治理的泥石流，可达到立竿见影的效果。工程措施主要目的是削弱泥石流活动强度，引导规范泥石流活动途径和范围，保护受威胁对象。根据工程类别大致分为下列5种。

1.蓄水、排水工程

蓄水、排水工程包括调洪水库、截水沟和排水渠。蓄水、排水工程通过截、排引导地表水形成水土分离，以降低泥石流暴发频率及规模。

▲调洪水库减少泥石流所需水源

▲排水渠将泥石流排到指定安全地带

2.支挡工程

支挡工程主要有挡土墙、护坡等，保护泥石流两侧斜坡，减少固体物质来源，以减弱泥石流规模或降低暴发频率。

▲ 护坡措施减少固体物质来源

3.拦挡工程

拦挡工程多布置在流通区内，主要是修建坝体、拦泥滞流和护床固坡。从结构来看，可分为实体坝和格栅坝；从材料来看，可分为土质、混凝土和预制金属构件等。挡坝群是国内外广泛采用的防治工程，沿沟修筑一系列高5~10米的低坝或石墙，坝（墙）身上留有水孔以泄水流，坝顶留有溢流口可泄洪水。

▲ 混凝土实体坝

▲ 金属格栅坝

4.储淤工程

储淤工程包括拦淤库和储淤场。前者设置于流通区内，就是修筑拦挡坝，形成停淤场，以减小泥石流规模使其转为挟沙洪流，降低对下游的危害；后者设置于泥石流出山口冲积扇等地形较宽缓处，可修建停淤场，用于调节泥石流流量，不能用作永久拦沙场，必须适时清淤，以确保有足够的调节库容。

▲ 拦淤库

▲ 储淤场

5.排导及绕避工程

排导及绕避工程包括排导沟、渡槽、急流槽、导流堤、明硐、廊道、隧道等,多数建在流通区和堆积区。它们的作用是调整泥石流流向,防止漫流,以保护附近的居民点、工矿点和交通线路。

▲ 跨越铁路的泥石流明硐渡槽

就一般情况来说，大面积的泥石流形成区应以生物措施为主，局部的泥石流形成区和流通区段宜采取工程措施。但两者各有优点，对于许多流域或地段，需要先辅以必要的工程措施，然后再进行生物防治。根据泥石流的危害及性质，采取多种工程措施和生物措施，统一规划，综合治理，防止或减少泥石流造成的人员伤亡和财产损失是泥石流综合治理的目标。

5.3.3 典型泥石流预防成功案例

1.成功案例一

2018年7月23日晚11时左右，四川省九寨沟县白河乡太平村发生降雨型泥石流，太平村一组的马厂沟、二组的殷家沟、三组的塔沟、四组的西番沟以及正沟都不同程度地暴发了泥石流，其中西番沟和殷家沟最为严重。

由于气象预警及时，在泥石流来临前的3小时，全村259户895名群众全部成功安全转移，无人员伤亡。

▲太平村泥石流灾后清理河道

2.成功案例二

2017年10月1日早8时,陕西省岚皋县堰门镇长征村干部在地质灾害巡查中,发现长征村二组红岩沟突然断流,存在泥石流发生隐患,随即组织红岩沟下游3户群众撤离。撤离不到10分钟,泥石流暴发。成功避免了13人伤亡。

▲ 长征村泥石流

泥石流典型案例

泥石流

泥石流具有暴发突然、历时短暂、破坏力强的特点，可致使交通中断、农田淹埋、厂矿被毁等，常造成重大的人员伤亡和财产损失。按照"以防为主，防胜于治"的思路，这里列举一些典型泥石流实例，让我们深刻认识到泥石流破坏的严重性，并从中吸取教训，起到宣传警示作用。

6.1 泥石流之最

 1.世界搬运最大石块泥石流——西藏古乡冰川泥石流

1953年9月25日午夜，中国西藏古乡冰川泥石流暴发，在帕隆藏布江谷地形成一个宽约3千米、长约2千米的扇形石海。

▼西藏古乡冰川泥石流

泥石流带出的一块花岗岩，长20米，宽12米，高8米，体积1 500多立方米，重达4 000吨。这是迄今所知世界上泥石流所搬运的最大石块。

2.世界最大冰川泥石流——秘鲁安第斯山脉瓦斯卡兰冰川泥石流

1970年5月31日，秘鲁安第斯山脉瓦斯卡兰，因为地震引起冰崩，诱发了冰川泥石流，总量达3 000万立方米。

冰川泥石流以每小时接近300千米的速度向下猛冲，气浪和石雨使重达3吨的岩块被抛出600米之外。冰川泥石流翻越了相对高度为100米的分水岭，使邻近的容加依城毁于一旦。这是迄今记录到的世界最大的冰川泥石流。

▼瓦斯卡兰冰川泥石流

6.2 典型案例介绍

1. 典型案例一

1989年7月9日至10日,四川省华蓥市溪口镇发生了百年未遇的特大暴雨。溪口镇东侧山体基底的软弱页岩饱水软化、蠕动,导致山体上面的岩体拉裂、解体,约100万立方米的岩体于10日13时30分突然松动,以90千米/小时的速度自海拔820米的斜坡向海拔300米左右的溪口镇滑去。滑动过程中,滑体因碰撞和跳跃而被粉碎,产生"气垫"效应和冲击波,形成碎屑泥石流。滑体所经之处,农田、房屋全被摧毁吞没,造成221人被掩埋,直接经济损失数百万元。

▼四川省华蓥市溪口镇泥石流

2.典型案例二

2010年8月7日，甘南藏族自治州舟曲县县城东北部山区突降特大暴雨，降雨量达97毫米，引发三眼峪、罗家峪等4条沟暴发泥石流灾害。泥石流长约5 000米，平均宽度约300米，平均厚度约5米，总体积约750万立方米，流经区域被夷为平地。

这场突如其来的灾害造成舟曲1 510人死亡，255人失踪，4.7万人受灾，6万多间房屋被损毁。

▲2010年舟曲泥石流沿途摧毁的房屋

▼2010年舟曲泥石流全貌

3. 典型案例三

2006年2月17日上午，由于多日暴雨肆虐，一场历史罕见的泥石流突然无情地吞噬了菲律宾南莱特省圣伯纳德镇的村庄，将包括200多名小学生在内的几千人活埋在了泥浆之下。法新社称，此次泥石流是世界当时10年内来造成的死亡人数最高的一次。当地环保组织指责说，非法砍伐森林的活动进一步加剧了当地的水土流失，而且当地政府和农民早就得到警告要为暴雨天气做好准备，但显然预防措施很不到位。

▲圣伯纳德镇泥石流

▼圣伯纳德镇泥石流全景图

4.典型案例四

1985年11月13日,哥伦比亚的鲁伊斯火山泥石流以50千米/小时的速度向下游奔腾而去。哥伦比亚的阿美罗城成为废墟,造成2.5万人死亡,15万头家畜死亡,13万人无家可归,经济损失高达50亿美元。

▲鲁伊斯火山泥石流

结束语

泥石流是山区常见的一种地质灾害，在世界范围内广泛分布，具有暴发突然、来势凶猛的特点，兼有滑坡和洪水破坏的双重作用，危害程度比单一的滑坡和洪水的危害更为严重，对山区群众生产生活和社会经济发展造成重要影响。

党的十九大报告指出："坚持人与自然和谐共生，建设生态文明是中华民族永续发展的千年大计，必须树立和践行'绿水青山就是金山银山'的理念，坚持节约资源和保护环境的基本国策，像对待生命一样对待生态环境，统筹山水林田湖草系统治理，实行最严格的生态环境保护制度，形成绿色发展方式和生活方式，坚持走生产发展、生活富裕、生态良好的文明发展道路，建设美丽中国，为人民创造良好生产生活环境，为全球生态安全做出贡献！"

在党的重要会议中将绿色发展和生态文明建设写进报告，对生态文明建设提出新论断和新要求，是今后一段时期我国生态文明建设工作必须遵循的思想，为生态文明建设改革发展指明了方向。同时，党的十九大报告指出："开展国土绿化行动，推进荒漠化、石漠化、水土流失综合治理，强化湿地保护，加强地质灾害防治"，对地质灾害防治进行了专门论述，在后期多次会议中，习近平总书记对地质灾害防治和减灾防灾救灾工作进行了一系列重要讲话，这些讲话是在充分分析我国地质灾害防治形式的基础上提出的新思想、新要求，是我们今后一段时期内地质灾害防治工作必须遵循的基本原则！生态文明建设、地质灾害防治是我们建设美丽中国的基本要求，也是中国可持续发展的前提，我们必须遵循这些理念。

近年来，我国生态文明建设和地质灾害防治工作形势严峻，国家和地方职能部门对其非常重视，制定了相关政策，配备了专门人员，配套了相应资金，对其进行预防和治理，保护地质环境及我们赖以生存的家园。但是，仅仅依靠政府单方面的重视是远远不够的，政府只能在政策方面给我们加以规范，其他需要我们全民参与，共同出力，从自身做起，从小事做起，为地质环境保护和地质灾害防治做出自己的贡献。

本书坚持以人民为中心的发展思想，全面贯彻落实党的十九大报告关于加强地质灾害防治、建设生态文明的总要求和习近平总书记关于防灾减灾"两个坚持、三个转变"重要指示精神，以泥石流地质灾害为研究对象，基于大量泥石流灾害的实例资料编写而成。

全书共分为6章，分别阐述了泥石流的基本概念、形成原因、分布规律、社会危害、预防措施、典型案例，内容涉及泥石流研究的诸多方面，系统全面，条理清晰，图文并茂，旨在提高人民群众的防灾避灾意识和识灾辨灾能力，远离泥石流灾害，保障人民群众生命财产安全和社会经济发展。

本书可作为青少年读者的科普读物，还可供从事灾害地质、环境地质研究的专业技术人员参阅。

泥石流

地质灾害预报

概念

地质灾害预报是对未来地质灾害可能发生的时间、区域、危害程度等信息的表述,是对可能发生的地质灾害进行预测,并按规定向有关部门报告或向社会公布的工作。地质灾害预报一定要有充分的科学依据,力求准确可靠。加强地质灾害预报管理,应按照有关规定,由政府部门按一定程序发布,防止谣传、误传,避免人们心理恐慌和社会混乱。

地质灾害气象风险预警

地质灾害气象风险预警等级划分为四级,依次用红色、橙色、黄色、蓝色表示地质灾害发生的可能性很大、可能性大、可能性较大、可能性较小,其中红色、橙色、黄色为警报级,蓝色为非警报级。

红色:预计发生地质灾害的风险很高,范围和规模很大。

橙色:预计发生地质灾害的风险高,范围和规模大。

黄色:预计发生地质灾害的风险较高,范围和规模较大。

蓝色:预计发生地质灾害的风险一般,范围和规模小。

📍 预报方式及内容

地质灾害预报以短期预报或临灾预报以及灾害活动过程中的跟踪预报为主，预报由专业监测机构、研究机构和灾害管理机构及有关专业技术人员会商后提出，由人民政府或自然资源行政主管部门按《地质灾害防治条例》的有关规定发布。

地质灾害预报的中心内容是可能发生的地质灾害的种类、时间、地点、规模（或强度）、可能的危害范围与破坏损失程度等。地质灾害预报分为长期预报（5年以上）、中期预报（几个月到5年内）、短期预报（几天到几个月）、临灾预报（几天之内）。

长期预报和重要灾害点的中期预报由省、自治区、直辖市、自然资源行政主管部门提出，报省、自治区、直辖市人民政府发布。短期预报和一般灾害点的中期预报由县级以上人民政府自然资源行政主管部门提出，报同级人民政府发布。临灾预报由县级以上地方人民政府自然资源行政主管部门提出，报同级人民政府发布。群众监测点的地质灾害预报，由县级人民政府自然资源行政主管部门或其委托的组织发布。地质灾害预报是组织防灾、抗灾、救灾的直接依据，因此要保障地质灾害预报的科学性和严肃性。

地质灾害警示标识

在地质灾害易发区或灾害体附近，一般会设立醒目标识，提醒来往行人或车辆注意安全或标识逃生路线、避难场所等。不同地区标识外观不尽相同，但其目的都是为了防范地质灾害，达到安全生活、生产的目的。下面列举了我国部分地区的地质灾害警示标志、临灾避险场所标志，以及常见的几类地质灾害警示信息牌。

泥石流

▲ 地质灾害警示标志

▲ 地质灾害区危险警示牌

▲ 地质灾害少数民族地区灾情介绍标牌（引自治多县人民政府网站）

地质灾害群测群防警示牌

灾害名称：桐花村后滑坡　　　规模：小型
位置：临城县赵庄乡桐花村村南50米路北
威胁对象：8户30人40间房屋
避险地点：村北小学
避险路线：向滑坡两侧撤离
预警信号：鸣锣、口头通知
监测人：×××　　联系电话：×××××
村责任人：×××　　联系电话：×××××
乡责任人：×××　　联系电话：×××××
县责任人：×××　　联系电话：×××××

×××人民政府

▲ 地质灾害群测群防警示牌

泥石流

地质灾害警示牌

撤离线路图

灾害点名称：五德镇杉木岭庙咀滑坡
灾害点位置：五德镇杉木岭村庙咀组
灾害类型：滑坡
规　　模：60m×70m/0.5×10⁴m³
威胁对象：村民7户36人
防灾责任人：xxxx　联系电话：xxxxxxxx
巡查责任人：xxxx　联系电话：xxxxxxxx
监测记录人：xxxx　联系电话：xxxxxxxx
预警信号：敲锣
应急电话：xxxxxxx（镇值班电话：xxxxxxx）
禁止事项：禁止任何单位或个人在滑坡体上开山、采石、爆破、削土或进行工程建设及从事其他可能引发地质灾害的活动。

×××县自然资源局制

▲ 地质灾害警示牌

主要参考文献

《工程地质手册》编委会.工程地质手册[M].5版.北京：中国建筑工业出版社，2017.

高旭焦.云南迪庆藏族自治州老虎箐泥石流特征及防治对策研究[D].北京：中国地质大学（北京），2018.

国家减灾委员会办公室.避灾自救手册——滑坡与泥石流[M].北京：中国社会出版社，2005.

国土资源部地质环境司.崩塌滑坡泥石流防灾减灾知识读本[M].北京：地质出版社，2010.

黄润秋，许强，等.中国典型灾难性滑坡[M].北京：科学出版社，2012.

黄勇.泥石流[M].南宁：广西美术出版社，2014.

贾洪彪，邓清禄，马淑芝.水利水电工程地质[M].武汉：中国地质大学出版社，2018.

康志成.中国泥石流研究[M].北京:科学出版社，2004.

李昭淑.奉巴山地泥石流灾害与防治[M].西安：陕西科学技术出版社，2015.

林彤，谭松林，马淑芝.土力学[M].武汉:中国地质大学出版社，2012.

刘传正，刘艳辉，温铭生.中国地质灾害区域预警方法及应用[M].北京：地质出版社，2009.

潘懋，李铁峰.灾害地质学[M].北京：北京大学出版社，2012.

唐邦兴.中国泥石流[M].北京：商务印书馆，2000.

谢宇.泥石流防范百科[M].西安：西安电子科技大学出版社，2013.

谢宇.滑坡和崩塌防范百科[M].西安：西安电子科技大学出版社，2013.

许强，黄润秋.山区河道型水库塌岸研究[M].北京：科学出版社，2009.

殷坤龙.地质灾害预测预报[M].武汉：中国地质大学出版社，2004.

张斌.大型泥石流的基本特征和防治研究[D].西安：长安大学 2018.

张春山，杨为民，吴树仁，等.山崩地裂知识读本：认识滑坡、崩塌与泥石流[M].北京：科学普及出版社，2012.

张茂省，校培喜，魏兴丽.延安宝塔区滑坡崩塌灾害[M].北京：地质出版社，2008.

赵鹏飞，李告奎.泥石流[M].南京：南京出版社，2016.

郑志山，潘华利，欧国强，等.泥石流拦砂坝下游局部冲刷研究现状及展望[J].云南大学学报（自然科学版），2019，41(3):508-517.

中国地质环境监测院，中国地质图书馆，中国老科学技术工作者协会国土资源分会.中国地质灾害与防治[M].北京：地质出版社，2017.

中国地质环境监测院.地质灾害科普知识手册[M].北京：中国时代经济出版社，2007.

朱耀琪.中国地质灾害与防治[M].北京：地质出版社，2017.

本书部分图片、信息来源于百度百科、科学网、新华网等网站，相关图片无法详细注明引用来源，在此表示歉意。若有相关图片涉及版权使用需要支付相关稿酬，请联系我方。特此声明。